彩绘版 昆虫记 5

——蝎子与被管虫

【法】法布尔 著

陈娟 编译

当代世界出版社

图书在版编目（CIP）数据

彩绘版昆虫记 .5，蝎子与被管虫 /（法）法布尔
（Fabre，J.H.）著；陈娟编译 . -- 北京：当代世界出版
社，2013.8
　　ISBN 978-7-5090-0925-3

　　Ⅰ . ①彩… Ⅱ . ①法… ②陈… Ⅲ . ①昆虫学 – 青年
读物 ②昆虫学 – 少年读物 Ⅳ . ① Q96-49

　　中国版本图书馆 CIP 数据核字（2013）第 141396 号

书　　名：	彩绘版昆虫记 5——蝎子与被管虫
出版发行：	当代世界出版社
地　　址：	北京市复兴路 4 号（100860）
网　　址：	http://www.worldpress.org.cn
编务电话：	（010）83907332
发行电话：	（010）83908409
	（010）83908455
	（010）83908377
	（010）83908423（邮购）
	（010）83908410（传真）
经　　销：	新华书店
印　　刷：	三河市汇鑫印务有限公司
开　　本：	787mm × 1092mm　1/16
印　　张：	8
字　　数：	50 千字
版　　次：	2013 年 8 月第 1 版
印　　次：	2013 年 8 月第 1 次印刷
印　　次：	ISBN 978-7-5090-0925-3
定　　价：	25.80 元

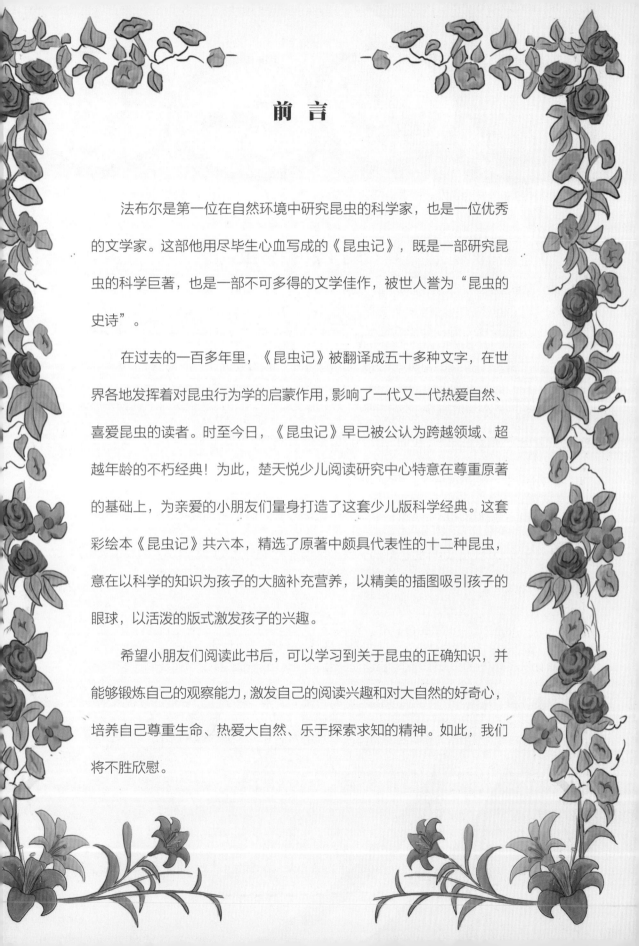

前　言

　　法布尔是第一位在自然环境中研究昆虫的科学家，也是一位优秀的文学家。这部他用尽毕生心血写成的《昆虫记》，既是一部研究昆虫的科学巨著，也是一部不可多得的文学佳作，被世人誉为"昆虫的史诗"。

　　在过去的一百多年里，《昆虫记》被翻译成五十多种文字，在世界各地发挥着对昆虫行为学的启蒙作用，影响了一代又一代热爱自然、喜爱昆虫的读者。时至今日，《昆虫记》早已被公认为跨越领域、超越年龄的不朽经典！为此，楚天悦少儿阅读研究中心特意在尊重原著的基础上，为亲爱的小朋友们量身打造了这套少儿版科学经典。这套彩绘本《昆虫记》共六本，精选了原著中颇具代表性的十二种昆虫，意在以科学的知识为孩子的大脑补充营养，以精美的插图吸引孩子的眼球，以活泼的版式激发孩子的兴趣。

　　希望小朋友们阅读此书后，可以学习到关于昆虫的正确知识，并能够锻炼自己的观察能力，激发自己的阅读兴趣和对大自然的好奇心，培养自己尊重生命、热爱大自然、乐于探索求知的精神。如此，我们将不胜欣慰。

蝎子和被管虫

蝎子因为静默神秘的性格，而被人们神话成天上的一组星辰。确如人们所了解的，蝎子是一位名副其实的沉默隐士。它喜欢独居，非但如此，蝎子巢穴之间总是相隔很远，大有独霸一方的架势。不过，等我们更深入了解蝎子后，就会发现蝎子未必有我们想象的那么强悍冷酷，它的内心其实是很柔弱的。偶尔碰上一只刚刚孵化出来的螳螂的幼虫，也会把它吓得不轻；一只蝴蝶的翩翩起舞，就能让它扭头逃窜；甚至一个已经没有任何危害力的动物的残肢，也会让它心惊肉跳。这样胆小的蝎子是不是和平常我们想象的凶狠残暴的蝎子有很大的不同呢？

被管虫？好奇怪的名字。其实它也叫作柴把毛虫。这是为什么呢？还是让法布尔先生在文中为小朋友们答疑解惑吧。但是先透露给小朋友们一些信息，那就是它的名字的由来跟它的衣服有很大的关系。被管虫是一位非常优秀的小裁缝，会主动利用各种资源为自己缝制很多漂亮的衣服，这像不像一位爱打扮自己的小姑娘呢？但被管虫是怎样打扮自己的呢？让我们赶紧来了解一下吧。

目 录

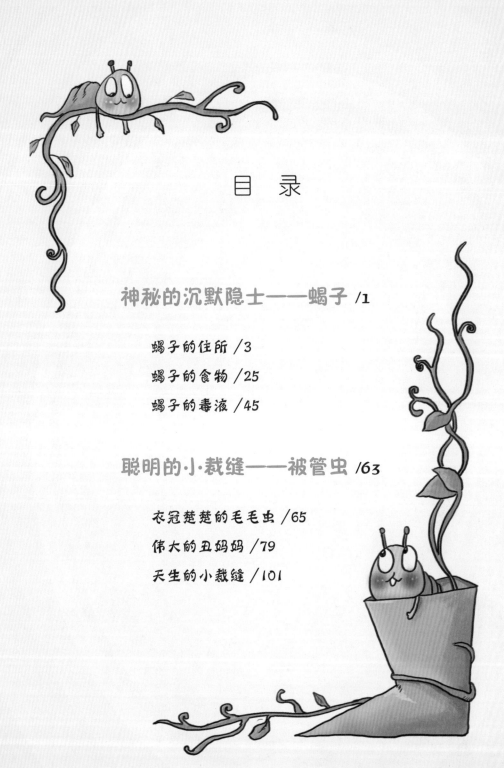

神秘的沉默隐士

——蝎子

昆虫小档案

中 文 名:蝎子

英 文 名:scorpion

科属分类:节肢动物门,蛛形纲,蝎目

籍　　贯:广泛分布于全球各地，大多生活于片状岩杂以泥土的
山坡,不干不湿、植被稀疏、有些草和灌木的地方。

蝎子,沉默的小动物。除了科学家通过试验和解剖所得的一些数据外,对于蝎子的一些天性,我们几乎毫无所知。但就是如此,才更激发着人们的想象力,把它选入十二星座。古罗马的一位著名诗人、哲学家卢克莱修曾说,畏惧创造了神。的确如此,人们由于对蝎子心怀畏惧,所以不断神化它,把它作为天空中的一组明亮星辰不断歌颂,在历法中将它作为十月的象征不断赞美。现在,就让我们一起来揭开蝎子的神秘面纱吧。

蝎子的住所

蝎子喜欢栖息在植被稀少、有岩石的地方。每当赤日炎炎、骄阳似火，或者天气恶劣时，大片的岩石露出根部，峭立在荒野里，显得非常苍凉。通常，人们会在这样的地方发现大量蝎子的巢穴。

它们的巢穴彼此离得远，它们还喜欢独居，总是独自霸占一个巢穴。

和它们荒凉的建巢地点相匹配，蝎子的巢穴非常简陋。它们的巢穴通常隐藏在一些稍大而且略微扁平的石块儿下面，把石块儿掀开来，如果能看到一个有瓶颈宽、深约几寸的洞，就说明这里有蝎子。

我们蹲下身子，看到一只大大的蝎子正守卫在门口。它的尾巴卷在脊背上，螫针的尾部上挂着一滴毒液，它有力的螫钩使劲地张开，并伸出巢穴口。

当然，有的蝎子不满足于一个简陋的大洞，它们还会在更深处，比较隐秘的地方建造一个小房间。不要担心蝎子不会出来，只要我们用一把小铲子，就会轻易地把它们引到明处。看看它们张牙舞爪的模样，我不禁暗笑：哈哈，终于出来了。

我用钳子小心地夹住蝎尾，把小东西装进一个用硬纸折成的圆锥形口袋里，这样就确保了在整个行动过程中我安然无恙。

　　在说明我是如何安置这些小动物之前，让我介绍一下蝎子的形貌特征吧。

　　蝎子的腹部分前腹部和后腹部，蝎尾的五节棱柱构成了蝎子的后腹部，就像一串大粒的珍珠。

  蝎尾的最后一节，也就是第六节，是一个囊状的尾器，非常光滑。可别小看了这个囊状尾器，因为令我们胆寒的蝎子的毒液——虽然看起来毫无伤害，就像是水一样——就储存在这里面。在蝎尾的最末端长着一根弯曲而尖利的螯针，这根针非常坚硬，可以很轻易地穿透一张硬纸板。在螯针的附近，有一个细小的孔，用放大镜才能看到。

  蝎尾是蝎子的一个很重要的作战武器。不管是在行走还是休息，蝎子通常会把尾部举起来，翘在脊背上面。

蝎子的另一个厉害的作战武器就是蝎子的螯钩。这对大钩子不只是作战武器,还是获取信息的工具。

　　比如,当蝎子向前行进时,会把它们伸展开来,探测遇到的事物;和对手交锋时,它的螯钩会紧紧地抓住对手,同时蝎子的螯针就会从它的脊背上面蜇刺对手。在蝎子咀嚼食物时,螯钩还发挥着双手的功能——把食物送到嘴边。

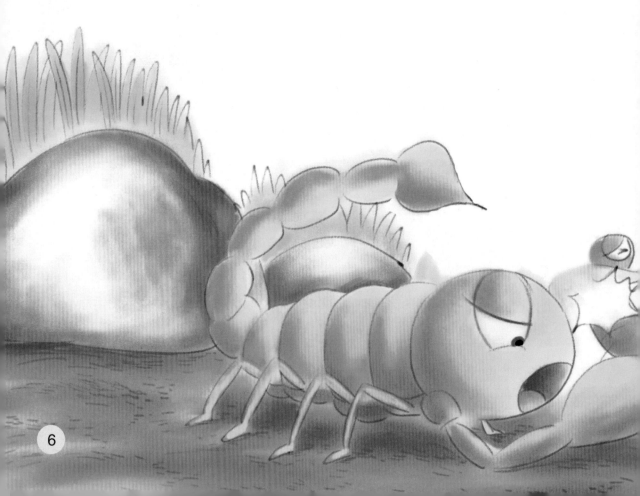

　　螯钩还有其他的用途吗? 它们看起来那么强劲有力,蝎子在行走,保持平衡, 进行一些挖掘工作的时候会用到它们吧?答案是否定的,负责这些工作的器官是蝎子的脚。

　　在蝎子的脚的末端,长着一组灵活而弯曲的小爪子,小爪子的正对面还竖着一根细小的针,就像是一个拇指。所有的这些,构成了一副神奇的钩爪。依靠它,原本身形笨拙的蝎子可以灵活自由地在很多地方攀爬, 或者在一个地方保持头朝下的姿势。

接下来介绍的是蝎子的独有器官——栉，它长在蝎脚的下面。栉是由一长排相互紧靠着的薄片组成的。

至于栉的功能，解剖学家们有很多猜测，其中一个说法认为异性蝎子在交配的时候能够紧靠在一起，栉发挥了平衡的作用。

　　蝎子一共有八只眼睛,分为三组。在它们既是头又是胸的那部分中央,长着两只大大的凸起的眼睛,它们的眼睛异常明亮,并发出凶狠的光芒,但眼视力很差。

　　它们的另外两组眼睛每组各三只,与第一组相比显得很小,位于蝎嘴上方的边缘。蝎子的这两组小眼睛是斜视的,只能看到两旁的事物。

既然蝎子的眼睛又"近视"，又"斜视"，那么它是靠什么前进的呢？原来，像盲人一样的蝎子主要是靠它的螯钩，摸索着向前行进的。我曾经很多次观察到两只蝎子相遇的情景：两只蝎子前后行进，后面看不到前面的蝎子。可是因为后面的蝎子比前面的行进得稍快了些，所以它的螯钩会突然碰触到前面的蝎子。这时可以明显看出两只蝎子都被惊吓得哆嗦，通常是后面的采取行动，赶紧后退。

　　介绍了蝎子的体貌特征，现在来讲讲我是如何安置这些"俘虏"的吧。我既希望它们能在自然的条件下生长，又需要每天能够观察到它们，最后终于想到了一个解决办法，在我家的院子里为它们圈建一个"小镇"。

　　我相信，我准备的这个新的住宅基地，我的"俘虏"们还是比较喜欢的。这里不但很安静，每天都有温暖的阳光照射，还有它们喜欢的迷迭香灌木为它们挡风。我为"小镇"里的每一个"居民"都挖了一个浅坑，大概有几公升的容积吧。每两个蝎子的营地之间都隔开了一定的距离。为了让它们生活得更加舒适，我在浅坑里面还填进了它们老家的沙土。这样，一个蝎子的理想"小镇"就建好了。

　　我把蝎子放到它们的营地里。这些"俘虏"们大概是在锥形纸袋里憋得太压抑了吧，刚钻出纸袋，一看到有它们家乡影子的营地，就马上钻了进去，不肯轻易出来了。

　　有了这个蝎子"小镇"，我就可以轻易观察到蝎子的一举一动了。至于食物，我是丝毫不为它们担心的，因为在这个院子里，有很多符合它们口味的野味儿。

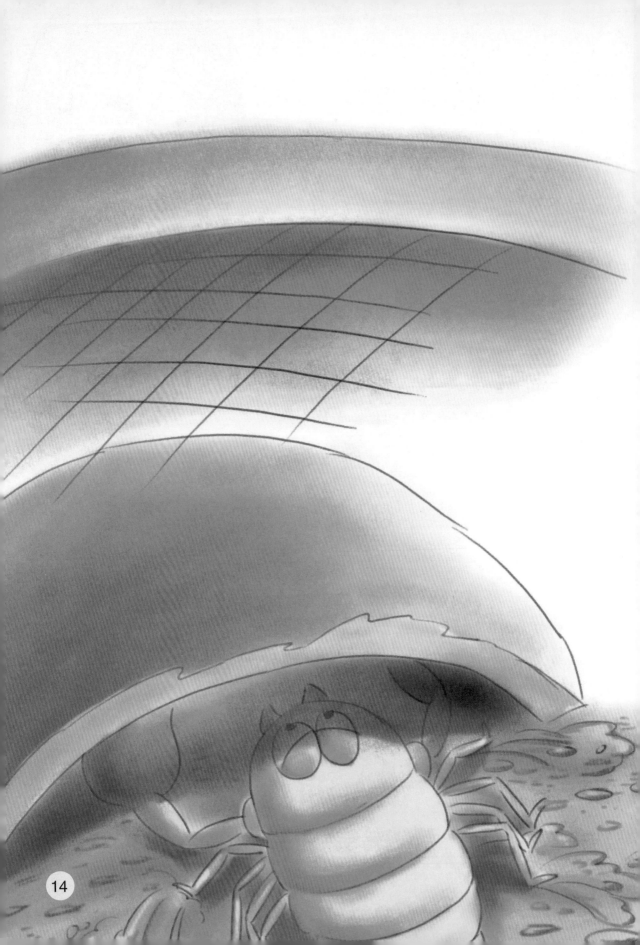

仅靠一个圈建起来的"小镇"是不够的。我又在实验室的大桌子上建起了第二个养蝎场。这次我为蝎子搭建住所的材料是瓦罐。

　　我在每个瓦罐里面都装满了沙土，又把两片花盆的碎片半埋进土壤中。这两片碎片就像拱顶一样，成为蝎子住所的房顶。

　　为了防止蝎子从瓦罐中逃脱，我特地将网纱罩插入到罐子当中，并且一直碰触到罐底。

　　这样，网纱罩就牢牢地嵌入到瓦罐中，蝎子就不会轻易地逃脱了。

　　我为它们提供了赖以居住的瓦片，不过要想住上满意的房子，还得靠它们自己挖掘。

　　辛勤的挖掘者始终很卖力地挖掘着它们的房子，尤其在有温暖阳光照射的时候，它们会干得更加起劲儿。

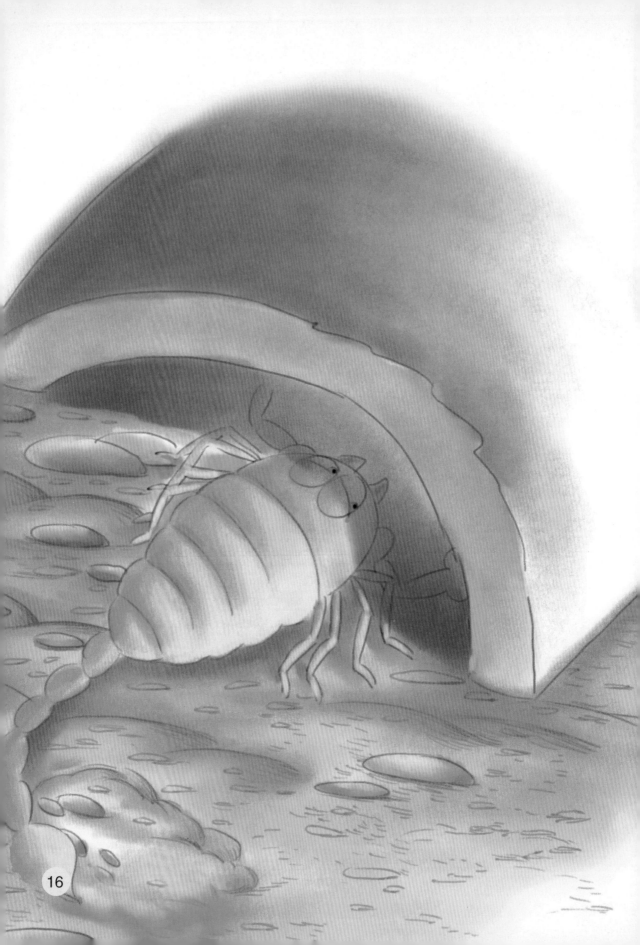

　　这时，它会将尾巴完全放松，放到地上，向后推扫土块儿，之后，蝎子就消失在碎片下面，过起了隐士的生活。

　　小朋友们知道吗？蝎子的螯钩虽然强健有力，但却一点也不参与挖掘的工作，因为螯钩有很高的灵敏度，利用它的灵敏度可以探测光线，一旦从事像挖掘这种比较笨重的工作，螯钩的灵敏度就会减退，甚至消失。

　　然而，并不是所有的蝎子都有为自己建造地下室的本事，有的蝎子只能利用一些现成的居住场所，比如裂开的木缝，或者比较黑暗的墙角的废墟。

网纱罩下的蝎子都有了自己舒适的居所，院子里"小镇"的居民也没闲着。它们一进到"小镇"，就钻到平石板下面的沙土里，马上为自己的新居辛勤工作。

　　它们往洞外不断清扫碎土。当我们掀开石板的时候，就会看到蝎子的巢穴已经有三四寸深了。

　　蝎子喜欢在白天最热的时候待在石板下的巢穴口晒太阳，等到天气转凉时，它们就回到地洞深处休息。

　　整个冬天，它们都深居简出，过着隐士的生活。

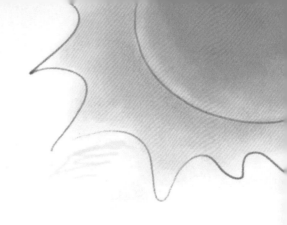

　　四月的时候，突然发生了大的变化。"小镇"里的居民都陆续失踪了，到最后一只都不剩了。

　　后来我得出了结论：蝎子个个都是攀登好手，一般的围墙对于它们构不成阻碍。但是，究竟什么样的围墙才能阻止它们攀爬呢？我希望通过观察它们能够得出我想要的答案。

可钟形网纱罩下的蝎子也有所变动。它们虽然无法逃离钟形罩，但是它们也都离开了花盆碎片下面的家，它们好像患了思乡病，或者爬上纱网，或者在花盆里面瞎转悠，过着百无聊赖的生活。

　　我策划为蝎子建立一个玻璃围场。玻璃如此光滑，上边没有任何供它们攀爬的支点，这下它们总不能攀登了吧。找来木匠搭了一个木架子，其余的部分就全是由玻璃构成的了。为了不让木头成为它们逃跑的帮凶，我特意在木头支架上涂上了一层厚厚的柏油。

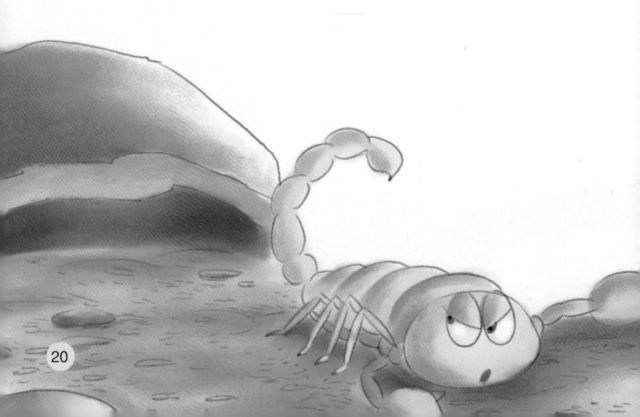

在这个玻璃围场里面，有二十多个用花盆的碎片做顶棚的小房间，喜欢独居的蝎子都是每只独占一个房间。另外，小房间四周还有宽敞的过道和十字路口，方便蝎子们悠哉地散步闲逛。

　　后来,我用了一种油和肥皂的混合物涂在木头上,结果,这层滑滑的混合物只是把蝎子逃跑的步伐变慢了,但是仍不能完全阻止它们逃跑。

　　既然如此,那就让我给它们设置一个没有细孔可钻的障碍吧。我往立柱上精心地贴上了一层玻璃纸。我确信除非蝎子的身上长出翅膀,否则它们再也出不去了。

最后，不得已，我又在玻璃纸上涂了一层羊脂，这才把这些难缠的小家伙通通制服了。从这以后，它们再也没有成功地逃跑出去了。

但是，之前的这些逃跑经历，证明蝎子是一种多么善于攀爬的小动物啊！

蝎子的食物

蝎子有非常厉害的武器,样子又很凶狠。像这样的"残暴之徒",一定会经常欺负弱小吧?但事实出乎我的意料,蝎子的饮食非常简朴。我常到家附近的小山上寻找这些隐士的身影,希望能找到关于它们饮食习惯的一些蛛丝马迹。

我很仔细地在隐士们的巢穴里搜寻,但是通常情况都一无所获。有的时候可以发现一点它们吃剩下的点心渣,比如一些昆虫的翅膀,或者一些可怜的蝗虫被拆散的残肢等。

野外的蝎子观察起来太不方便了,所以我把观察重点放到了我院子"小镇"里的蝎子身上。

蝎子的进餐时间很规律，从十月一直到第二年四月的六七个月里，蝎子总是深居简出，躲在地洞里不肯出来。如果在这段时间里，我把一些食物放到它们面前，它们好像也一点不感兴趣，甚至用尾巴把食物扫出地面。

　　这种情况一直要持续到三月底。到四月的时候，它们才渐渐有一点胃口了。在这个阶段，我再去拜访这些隐士，会时不时地看到它们正在细嚼慢咽着一些食物，比如蜈蚣等。

我想，蝎子的饭量应该是很大吧。这么一个肥大而且残暴的家伙，武器又是那样厉害，这么一点食物怎么可能满足它们呢？

　　蝎子的武器虽然如此精良，饭量却很小很小，捕捉的猎物也都很小很小。

另外，在蝎子凶狠残暴的外表下，却有一颗胆小柔弱的心灵。它们的胆子小得出奇。

看来，只有在饥饿难耐的时候，它们才会鼓足勇气，去捕食猎物啊。

我刚开始喂养蝎子的时候，特意挑选一些个头很大的蝗虫，本以为它们会欣然接受，没想到它们拒绝了。并且蝗虫也不是好惹的，它随便扑腾两下翅膀，就把胆小的蝎子吓跑了。

我精心挑选了六只蟋蟀放到玻璃围场里。为了缓解一下即将到来的恐怖气氛，我在玻璃园里装饰了一些莴笋叶子。

但是，我预想的充满血腥的场面一直没有到来，有着美妙歌喉的蟋蟀们似乎不知自己的危险处境，依然悠然地唱着动听的小曲儿，甚至嘴里面还咀嚼着美味的菜叶，完全没有把蝎子放在眼里，甚至根本就没有注意到蝎子的存在。

29

一旦看到有一只蝎子走过来,蟋蟀也不慌张,而是很谨慎地瞅瞅它,然后把触须伸过去,好像要试探一下。但是,再让我们来看看外表凶猛的蝎子的表现吧。

它一看到自己的领地里多了几只庞然大物,就拼命向后躲去,赶紧溜之大吉。

就这样,六只蟋蟀居然在那里毫发无伤、神采奕奕地度过了一个月,并最终获得自由。

蝎子对这些庞然大物如此恐惧,我该去哪里找一些个头小巧、味道鲜美的猎物呢?后来,在我的苦心找寻下,一种小昆虫终于进入到我的视野。

在五月的时候,这种小昆虫突然成群结队地飞到我的院子里,享受地吮吸着树皮上甜美的琼浆。

它们大概在我的院子里停留了两个星期,之后便不知去向了。为了我的蝎子们,趁这些小昆虫还未飞走,我悄悄地捕获了一些。

果然不出我所料,蝎子对这种食物满意极了。

只见这种小昆虫在地上躺着一动不动，这时候蝎子大概是饿坏了吧，一点也不像平常那样胆小，而是从容镇定地朝猎物走去。走近猎物后，蝎子猛然用两只大螯钩抓住猎物，把食物送到嘴边，美美地享受猎物了。

　　蝎子一顿饭的时间可真长，大概用了几个小时才吃饱喝足。这些小昆虫只剩下一团干枯无味的小球。但是蝎子的胃是不能把这个小球消灭掉的，所以如果不能把小球顺利吐出来的话，小球就卡在蝎子的喉咙里了。

　　它会把一只螯钩伸进喉咙，然后轻轻地一拉一拽，小球就拔出来，像废物一样被扔在地上。

　　关于蝎子的进餐还有一个很特别的地方，它每吃一顿饭都要好长时间，但是往往再隔很长的时间才吃第二顿饭。

　　以上我们说了"小镇"里"居民"进食的一些情况,接下来看看玻璃围场的蝎子们进食的情况吧。

　　在四五月份的时候,我捕捉了大概有十二只蝶,然后将它们的翅膀截去一半,就不用担心它们从玻璃围场中逃脱了。

　　在大约晚上八点的时候,蝎子们都陆续出来活动了。它们会怎样对待这些被送上门来的折翅蝴蝶呢? 我目不转睛地观察着事情的进展。

　　这些可怜的蝴蝶们没有了完整的翅膀,在地上胡乱打旋、翻动,玻璃围场内因此一片热闹,场面非常混乱。蝎子对这些绝望的蝴蝶熟视无睹,在它们中间自由地往来,经常还会把它们撞翻。但是很奇怪的是,即使蝴蝶就停在蝎子的嘴边,蝎子也不碰这些食物。

甚至是对待一些行为比较过分的蝴蝶,蝎子也是完全听之任之。在混乱之中,无论是挡住了蝎子去路的蝴蝶,还是飞旋到蝎子背上的蝴蝶,蝎子都完全采取宽容的态度,这些蝴蝶没成为蝎子口中的美餐。

后来,在这个到处都是蝴蝶的季节,我又反复做了很多次实验,效果很不明显。我只是偶尔观察到蝎子进食的场面。

蝎子猛然抓住正在痛苦扭动的蝴蝶,然后一边用大颚紧紧地叼着战利品,一边用螯钩摸索着道路,以便找个地方可以安静地享用猎物。

等蝎子找到安静的场所后，比如它们的巢穴或者围墙的一角，就会开始细嚼慢咽起来。但是，最终它们都吃了些什么呢？只是蝴蝶的头而已。

就这样，我持续地观察了它们一个星期，之后便是我考察的时间了。我挨个观察蝎子的洞穴，看他们吃了多少蝴蝶。这是不难统计的，因为蝎子并不吃蝴蝶的翅膀。

　　蝴蝶的尸体都是完好无损的,它们不是被蝎子咬死的,而是自行干枯的。这其中只有三四只蝴蝶的头被蝎子吃了。在一个星期里,二十五只蝎子一共只吃了三四只蝴蝶的头。它们的食量真是小得让人不可思议。

为了确认它们的饮食是不是真的如此简单，我又做了两组实验。在初秋的时候，我把四只体形相近的蝎子分别放进四只瓦罐。罐底铺着一层细沙，并放有一块花盆碎片。

罐口遮盖了一块玻璃。我想知道，在完全没有食物的条件下，这些食性简单的小家伙能坚持多久呢？

它们依然很活泼，钻到花盆碎片的下面，为自己挖掘新家，并且懂得劳逸结合，在黄昏到来的时候，还会溜出巢穴散散步，丝毫没有因缺少食物显现出异常。

　　冬天慢慢地来临了，我把做实验的地点选在了温室。但或许是本能吧，它们把洞穴挖得更深了一些，以抵御冬天的"寒冷"。此时，它们像在野外过冬似的，大部分时间都窝在洞穴里，行动少了很多。

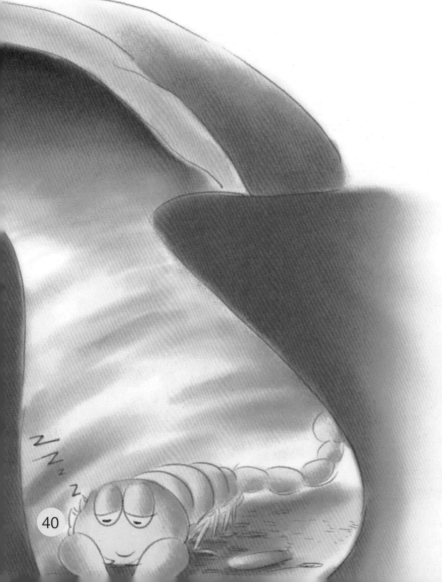

　从初秋到冬天，已经好几个月没有进食的蝎子此时看起来精力依然很充沛。

　如果说冬天蝎子吃得少,是因为它们的活动大大减少,那么,随着天气渐渐炎热起来,它们的活动也逐渐增多了。可是它们并没有因此显得虚弱无力，它们和那些被喂得饱饱的蝎子一样生机勃勃,总而言之,似乎食物的缺乏对它们并没有造成什么威胁。

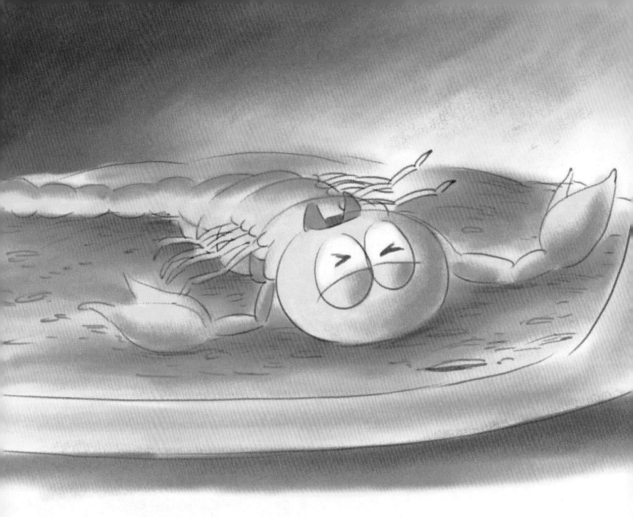

　　不过,这种情况并没有持续下去。到了六月中旬,有三只蝎子终于挺不住死去了。第四只也在七月的时候壮烈牺牲了。这样算起来,它们居然坚持了足足九个月没有食物的日子,真是不可思议。

　　在另一组实验里,我选取了一些年幼的蝎子,大概都是刚有两个月的生命吧。

　　这些小生命表现得似乎和那些成年蝎子一样有耐力。它们每天活力十足,一直持续到五六月,足足坚持了九个月没有食物的生活。

这两个实验告诉了我们什么信息呢?它说明,蝎子能够在一年之中四分之三的时间里,不吃任何东西,而仍然保有生命的活力。那么,在这么长的时间内,蝎子靠什么能量来维持体力呢?

　　经过多次的实验和推理，我认为用以支撑它们生命和活动的能量并不完全是由饮食提供的，有一部分是从周围的热量中获取的，比如电能、风能、光能等。

　　不过蝎子也不总是对饮食有耐力，在它们蜕皮的时候，为了补充长出新皮所消耗的能量，饮食对于它们就变得至关重要了。假如对它们实施禁食政策，那这些可怜的蝎子，尤其是那些年幼的小家伙们，坚持不了几天便会一命呜呼。

蝎子的毒液

蝎子在捕捉食物时，为了让猎物逆来顺受，会用螯针轻轻地刺几下猎物。对于蝎子，螯针最主要的用途是和敌人进行生死交锋的时刻来自卫。

为了测验一下蝎子的螯针毒液的杀伤力，我决定给它找几个强大的对手。

第一个目标是狼蛛。狼蛛和蝎子应该算得上旗鼓相当吧。它们身上都具有毒钩;蝎子强壮,但反应速度慢;狼蛛相对弱小,但身手敏捷,往往能够出其不意。究竟谁能够占上风呢?让我们拭目以待吧。

　　狼蛛的气势很足,一看到对手,便马上直立起身子,炫耀着它那悬着毒液的毒牙,面无惧色,好像丝毫不把眼前的敌人放在眼里。而蝎子呢,没有什么特别的表情,只是把双钩小心地靠近对手,然后迅速钩住狼蛛,让它无法动弹。

　　猎物不得动弹,蝎子要动用它的螯针了。只见它不紧不慢地将螯针刺进狼蛛的胸膛里, 并把针在敌人的伤口里停留了一会儿,这样大概是想让毒液充分释放吧。它的毒液毒性好像很强,蝎子刚一把针拔出来,强壮的狼蛛就一命呜呼了。

狼蛛真是枉有"地下毒王"之称了，这么快就被打败了。那么，让我们来看看让人不战而畏的螳螂的表现吧。

　　我特地精心挑选了个儿大、看起来比较凶狠的蝎子和螳螂，让他们在瓦罐里决斗。为了让它们彼此激怒对方，我把它们推到一起。

　　我把它们推到一起，这样导致的直接后果就是，在我还没有看清两者是怎么拼杀的时候，蝎子的螯钩已经把螳螂紧紧地抓住了。这时，螳螂也不甘示弱，马上摆出吓人的姿势，它张开它那有力的翅膀，带有锯齿的前臂也耀武扬威起来。但是，有什么用呢？

饥饿的蝎子根本不理会这一套，直接把螯针插进螳螂的腹部，停留了一会儿。等拔出的时候，针尖上还闪动着一滴毒液。

这对螳螂可是致命的伤害，终于，在十几分钟以后，螳螂死掉了。

在这次的实验中，蝎子刺中螳螂的一个极其脆弱的部位，因为它的神经中枢就靠近这个地方，一旦被刺中，轻则瘫痪，重则死亡。

我发现，无论蝎子刺中螳螂身体的哪个部分，距离神经中枢或远或近，所刺部位是不是致命，螳螂多是立刻毙命，至多经过几分钟的挣扎。真是难以想象，蝎子居然能够以如此快的速度致螳螂于死地。

这是为什么呢？我的结论是，蜘蛛和螳螂都属于比较上等的动物，而一种生物越是有着良好的先天条件，那么它在遇到困难和打击时，便会愈加敏感和脆弱，甚至一受到打击便会立刻毙命。

　　我把蝎子和蝼蛄放在一个窄小的角斗场里，让它们相对而视。接下来，不用我的挑拨，蝎子便直接冲向了蝼蛄。

　　而蝼蛄似乎对蝎子的进攻一点儿也不害怕。它背上的翅膀互相摩擦着，嘴里还不断地哼哼着，像是在给自己鼓劲一样。不止如此，蝼蛄还伸出它那长有锯齿的前肢，好像依靠这双利器，它随时可以把蝎子开膛破肚似的。

　　蝎子可不管这一套，它迅速把螫针刺进了蝼蛄的身体。可怜的蝼蛄，它的战歌还没有唱完，就无力地倒了下去，一切都是那么快速。

但是，蝼蛄并没有像螳螂那样很快死去，它的腿脚胡乱地踢腾着，腹部不能控制地猛烈起伏……

慢慢地，痉挛平息下来，两个小时以后，终于彻底地平静下来。

这个低等的家伙死的时候像狼蛛和螳螂一样痛苦，但是挣扎的时间比它们要长很多，看来它们的抗打击能力还真是要比那些稍高等一些的昆虫强一点呢。

　　为了证明前面的结论，我又找了一只级别非常低的动物——蜈蚣。这条凶恶的家伙长了二十二对脚，光这些脚就够怕人的，让我们来看看接下来将是怎样一场激战吧。

我把这两个家伙放到一只环形的广口瓶里，同时在瓶子的底部还铺了一层细沙。蜈蚣沿着战场的墙壁兜着圈子。它的身体很长，大概有十二厘米，呈琥珀色。

　　它不断地用它那长而灵活的触须探测着周围的情况，终于，它的触须碰触到了在墙角一动不动的蝎子。就像触电一样，蜈蚣马上惊恐地向后退去，逃离了这个危险的地方。

　　不过很不幸，在围着墙壁绕了一周后，它又和蝎子亲密接触了。这次蝎子在它还没来得及逃跑的时候，就稳稳地钩住了它的头部。蜈蚣的那二十二对脚此刻派不上一点用场。

蜈蚣的不老实把蝎子激怒了，蝎子先后几次把螯针从蜈蚣的侧肋刺了进去。蜈蚣还想着反击。

　　它张开它的大牙，想将蝎子碎尸万段，可是蝎子的双钩那么长，蜈蚣根本没有办法碰触到蝎子的身体，但蜈蚣仍然不服输，身体不断地挣扎。

大概是有些累了，战斗了一会儿后，双方都平静了许多。趁着这个机会，我把这一对冤家赶快分开。

　　第二天，蜈蚣又被蝎子的螯针刺伤了好几次。天一黑，这两只虫子应该会安静些了吧。

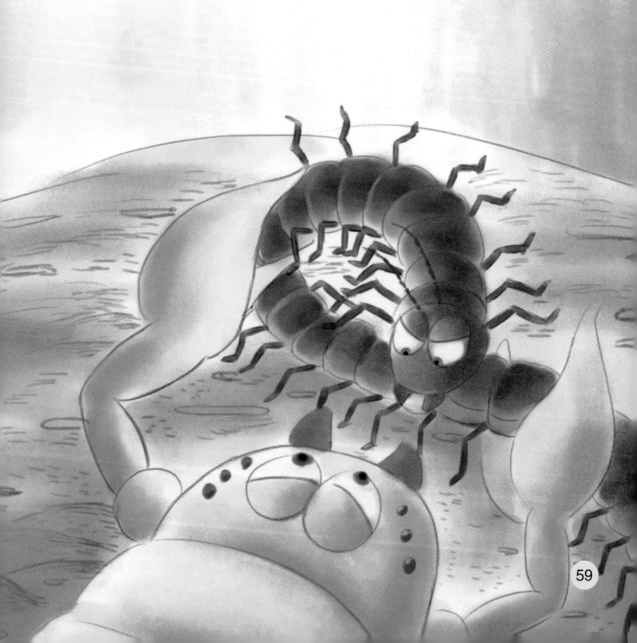

但是，它们并没有像我所想的那样老实本分地待着，因为第三天早上我看它们的时候，蜈蚣看起来衰弱了很多。到第四天的时候，它已经奄奄一息了。

蜈蚣至少被蝎子刺中了十次，却奇迹般地坚持了四天。而强壮的狼蛛和螳螂只被刺中了一下，便很快死去了，蝼蛄也仅仅坚持了两个小时。

看来等级越高的生物，生命平衡的稳定性就越差，在遇到意外的情况时，就越容易丢失性命。

与之相反，等级越低的生物，生命平衡的稳定性就越强，抗打击能力就越强。

聪明的小裁缝

——被管虫

昆虫小档案

中 文 名：被管虫,柴把毛虫

英 文 名：faggot caterpillar

科属分类：鳞翅目

籍　　贯：全世界广泛分布,主要生活在破旧的墙壁和尘土飞
扬的大路上。

毛毛虫是我们生活中最常见的一种小动物了。可是小朋友们,你们了解这种小动物的生活习性吗? 它身体外面包裹的那一层又一层厚厚的衣服是怎么缝制而成的呢? 接下来,我将为大家一一介绍。

衣冠楚楚的毛毛虫

每到春天,我们就会经常在空旷的土地上、破旧的墙壁上或者尘土飞扬的大路上,看到一种奇怪的小东西。

这到底是怎么一回事呢?

原来,在这个可以移动的柴束里还隐藏着它的主人——一只非常漂亮的毛毛虫。当它在路上走的时候,它总是躲在那个会移动的柴束——一件用树枝做成的奇装异服里面。它的身体几乎完全钻进去了,这时候,如果再看这只小毛毛虫啊,那就真的和一个小柴束无异了。

　　现在你们知道这束柴枝会走动的秘密了吧？这只小毛毛虫有一个和它的外表相配的名字，那就是柴把毛虫，属被管虫中的一类。

　　被管虫的保护外衣，就像一个能够移动的安全柴屋，可以随时地保护它。

　　被管虫的外衣的全部材料也只不过是几根普普通通、随处可寻的柴枝而已，并且不会附加任何装饰品，真是再朴素简单不过了。由此可见，这些小家伙是多么不拘小节啊！

每到四月的时候，在我家的作坊上面会停留许多昆虫，而这其中，就有很多柴把毛虫。如果这些小家伙总是处于蛰伏的状态，那就表明它们不久以后就要变成蛾子了。

　　小朋友们，这个时期可是观察柴把毛虫外衣的最好时机了，它们外衣的形状都是基本相似的，像是一个个小小的纺锤，大概有一寸半长。那些位于柴把毛虫前面的柴枝是被固定在一起的，而位于末端的是分散开来的。

它们就是这样排列着，充当这些小家伙的隐身衣，以保护它们不被敌人发现，或者帮助它们抵挡太阳的暴晒和雨水的侵袭。

柴把毛虫的这件保护衣采用的材料却非常简单。最理想的材料可以是一些光滑、柔韧的小枝和小叶等。如果这些都没有,那么一些干枯的树叶和树枝也是可以的。

只要是轻巧一点儿、柔韧些、光滑些、干燥些，并且大小合适就可以了，它们对衣服的样式也是不大在意的。它们做衣服时所用的材料完全按照其原有的形状，一点都没有改变。既保留了原有材料的性质，也保留了原有材料的形状。

用树枝做成的小柴屋那么硬而且长,而里面的毛毛虫很柔弱,这样的话,毛毛虫的头和足怎么还可以灵活自由地转动呢?

　　不错,硬实的树枝的确妨碍了这位工人的辛勤劳作,使它不能正常尽职尽责。所以,用树枝装饰成的壳子对于柴把毛虫来说是不适用的,它的壳子的前部需要用一种特殊的方法装置而成。

  让我们看一下柴把毛虫是怎样做的吧。原来，那些坚硬的树枝在距离毛虫的前部相当远的时候就被中止了，取而代之的是一种领圈，就像我们用来保暖的脖套一样。当然，柴把毛虫的这个领圈的主要作用可不是保暖，而是保证它灵活地行动和自由弯曲。

  关于领圈的具体做法，每个毛毛虫的方法可能会稍有不同，但大体是如此的，并且这个领圈无论如何它们都要用到。

这个可以使柴把毛虫的头部自由转动的领圈，摸起来非常柔软、舒适。仔细观察的话，我们就会发现它的内部是用纯丝织成的网，外面包裹着一层绒状的碎屑。

　　如果把这层草壳的外层轻轻地剥开，还会发现里面有很多细小的枝干。

　　从毛毛虫的一边到另一边，我又发现了同样的内衣。在扯开它的外衣以前呢，只有中间和前边的内衣是可以看见的，扯开以后就可以看到整个的了。

　　现在，我们可以清晰地看到，柴把毛虫的内衣是由光滑的丝织成的，内部是美丽的白颜色，外部是褐色的，而且有漂亮的褶皱，还有细碎的草屑分布在上面作为装饰。

　　让我们着重来看一下它的丝吧。这种丝不但光滑，颜色美丽，它非常坚韧，人用手是很难把它们拉断的。

第一层是一种极细而且光滑的丝，它可以和毛毛虫那柔嫩的皮肤直接接触；第二层是细碎的草屑或者木屑等，主要作用就是可以保护衣服上的丝；最后一层就是用小树枝等做成的外壳了。

　　不过，虽然各种被管虫的外衣都是由这三层构成的，但是各个种类的外壳不完全相同。比如说，在六月末的时候，我遇到了这样一种被管虫，无论是从衣服的形式还是做法上来说，都要比之前说的那种柴把毛虫高明多了。

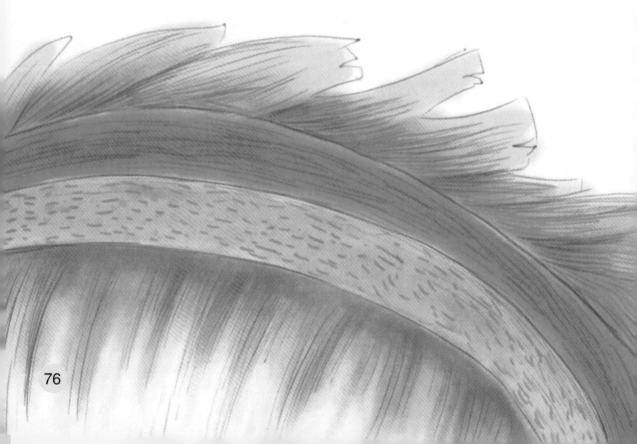

　　它的外壳是用很多材料制成的，比如细麦秆的小片，青草的碎叶等。

　　不过，它最显著的特点是外衣形状的整齐和美观。在它的外壳的前边，几乎找不到任何枯叶的痕迹。而在背部也没有哪个地方特意凸出来。除了颈部的领圈以外，它的全身都缩在这个美观、齐整的壳里面。

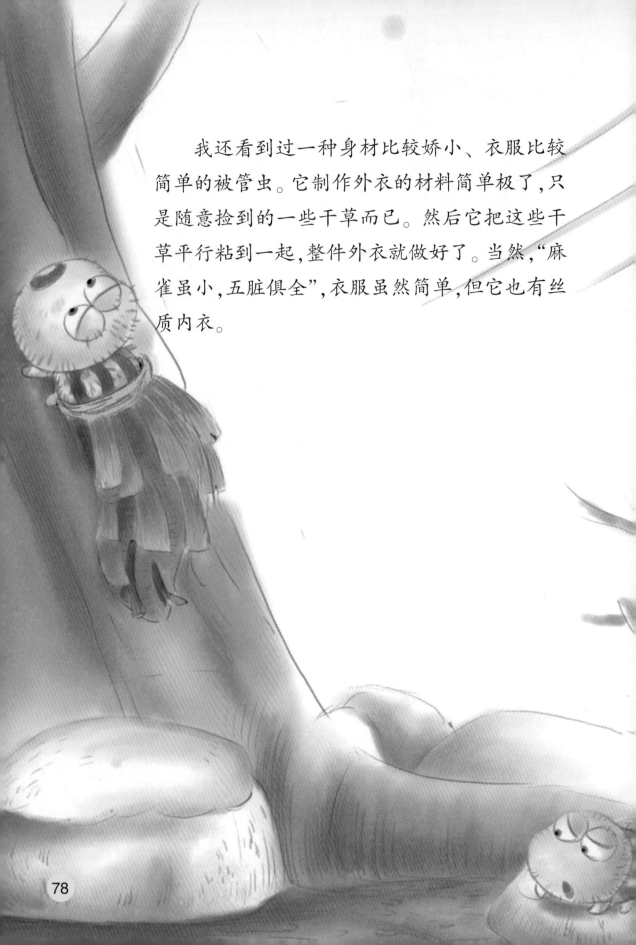

　　我还看到过一种身材比较娇小、衣服比较简单的被管虫。它制作外衣的材料简单极了，只是随意捡到的一些干草而已。然后它把这些干草平行粘到一起，整件外衣就做好了。当然，"麻雀虽小，五脏俱全"，衣服虽然简单，但它也有丝质内衣。

伟大的丑妈妈

　　为了知道更多关于被管虫的知识，我就在今年四月的时候捉了几条被管虫来观察。

　　这些小家伙在铁丝罩里，它们会先用一种丝质的小垫子把自己的身体固定好，然后舒适地在那里等候。

79

终于到了六月末,雄性的蛾子从它的壳子里跑出来了。

雄蛾是一种让人眼睛一亮的小家伙。你们可别看它身上只穿着一件样式十分简单的黄灰色衣服,翼翅也很小,只有苍蝇差不多大小,但它们是非常漂亮的,尤其是它们那羽毛状的触须和翼边挂着的细小的须头,更显得精致、美丽。

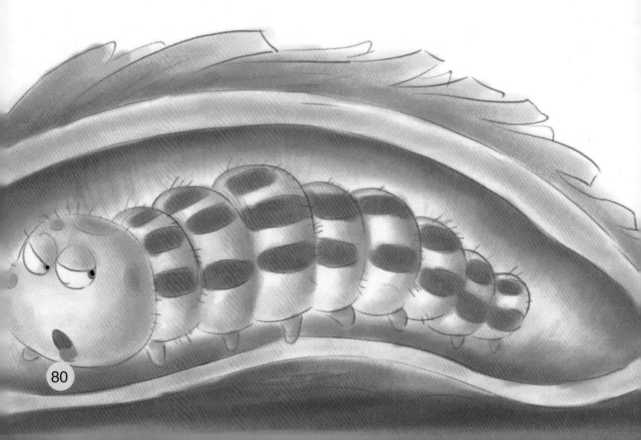

雌蛾要比雄蛾晚孵化出来几天，等到它们姗姗地从壳里钻出来以后，我简直吃了一惊！因为雌蛾的样子简直太难看了，像个怪物一般。

　　它没有雄蛾那样美丽的小翅膀，甚至在它的背中央连毛也没有，就那样光秃秃、圆溜溜的，那难看的样子真让人不想再看它第二眼。

　　不过，在它圆圆的顶端，戴了一顶灰白色的小帽子，这给它难看的身体稍微作了一点装饰。

当它离开蛹壳的时候，就开始在里面产卵了。雌蛾产卵很多，所以产卵的时间也有些长，大概要三十多个小时。

　　产完卵以后，为了不受外界的侵扰，它就把门关闭起来。它利用它那顶戴在顶端的灰白色的小帽子，把门口塞住，以保护母子平安无恙地生活。

经过一次激烈的震动以后，这位母亲死去了。但是，它依然拿自己的身体作为屏障，为宝宝们留守阵地，看守家园。

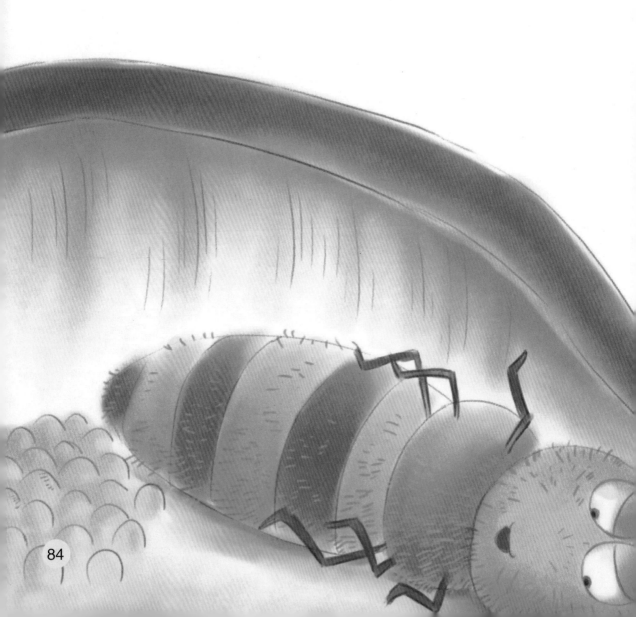

　　如果打开被管虫外面的壳，就可以看到里面存留着蛹的外衣。这件外衣除了已经钻出去的蛾子留下来的孔以外，其他的地方都完好无损。

　　这个孔很小，当长有美丽的翼翅和羽毛的雄蛾从这个狭小的隧道中往外钻的时候，会经历一番挣扎。

　　但是，被管虫还算是一种比较聪明的小动物，能够未雨绸缪。所以在它还是蛹的时候，就拼命往门口奔去。

　　但是，相比较而言，雌蛾想要钻出这件外衣就要轻松多了。它的身体是圆筒形的，几乎完全裸露。

　　它可以在狭小的隧道中爬进爬出。因此，它把外衣抛弃在壳里面，并把它们作为宝宝们房间的屋顶。

　　雌蛾把卵产在蛹衣——那件被它脱下的羊皮纸似的袋子里面了，并且直到把袋子装满为止。

　　但是，仅仅把房子和帽子留给它的下一代，它显然觉得做得还不够。最后，它把自己的皮也奉献给宝宝们。直到生命的尽头，它的心里最放心不下、最牵挂的依然是它的子女。真是可怜天下父母心啊！

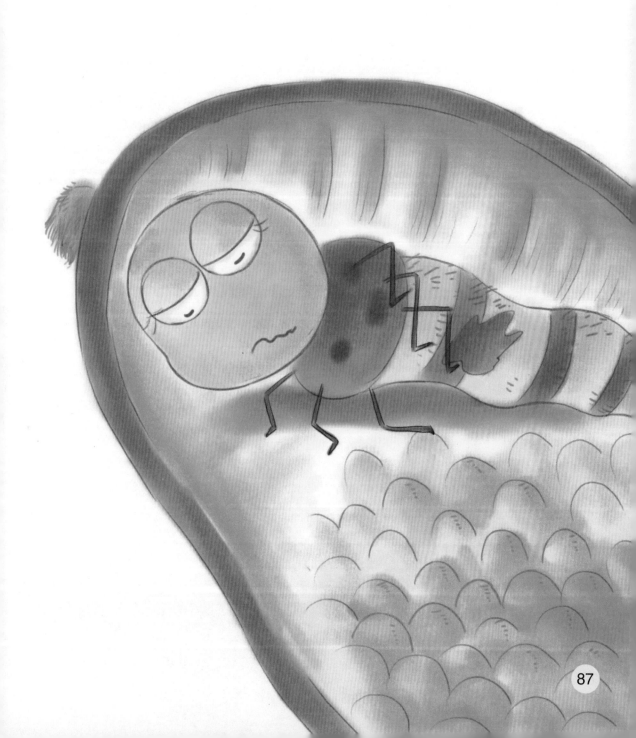

有一次,在一个柴草堆里,我发现了一只装满卵的蛹袋,我如获至宝,满心欢喜地把它带回家,并放在玻璃管中观察。

在七月初的一天,我突然发现在蛹袋里一下多出了四十多只新出生的毛毛虫,它们竟然都穿上衣服了。

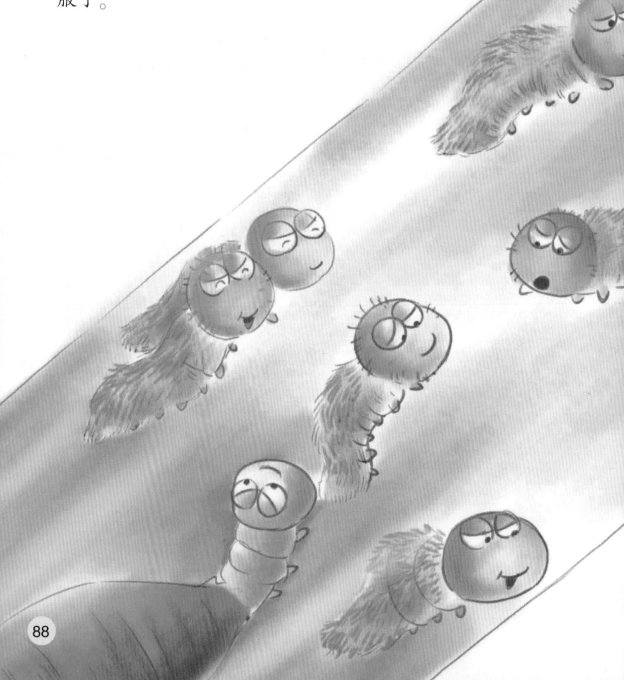

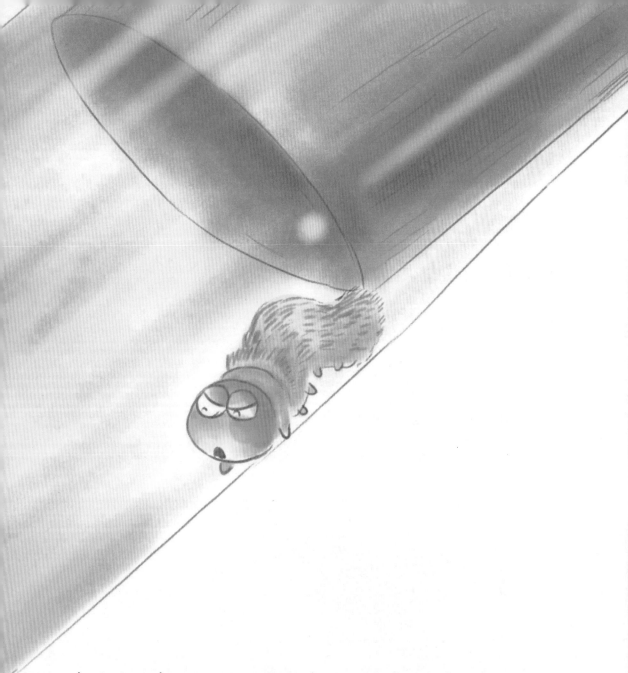

　　真的是很幸运,这个蛹袋越来越兴旺了。我在里面又发现了它们的第二个大家族,幼虫的数目和原来的差不多,也是四十多只吧。

为了观察，我把玻璃管中那些已经穿好衣服的毛毛虫拿走，只留下了那些身体依然赤裸的新房客在里面。

这些小家伙似乎很善解人意，并没有让我等太长的时间。在第二天，我就看到这些小动物慢慢成群结队地从蛹袋里出来了。

　　它们快速冲到那用柴枝做成的外壳，就在距离装有卵的蛹袋很近的地方，那是我特意为它们留下来的。跑出了蛹袋，这些小家伙开始感觉到它们所面临的世界跟以前不一样了，所以，明显的，它们开始有了一种迫切感。

有的小家伙可真细心，马上就注意到了那已经裂开的细枝，于是它们毫不客气地撕扯下那柔软洁白的内层作为自己衣服的原料。这些毛毛虫是用什么来裁剪衣服的呢？原来它们制作衣服的工具就是它们那大大的脑袋。

　　它们头部的形状很像一把剪刀，上边还长着五个坚硬的利齿。虽然这把剪刀很小，但是因为它的刀口距离很紧凑，所以很锋利，能够轻易剪断各种各样的纤维。

　　但是观察它们是很累人的。因为它们太微小、太纤弱了，并且警觉性很高。每当我用放大镜观察它们的时候，必须非常小心谨慎，不能喘粗气，不能使劲呼吸，更不要说大声说话了。

  不过，别看这些小家伙如此微小，在制造毛毯方面，它们可算得上是一流的专家。这些刚出生的小婴儿似乎得到上帝的特别眷顾，在没有任何人指导的情况下，竟然能够利用旧衣服上的原料，缝制出自己的衣服。

那么它是采取什么方法做衣服的呢？在这之前，我想先给大家讲一些关于它去世母亲的事情。

让我们从铺在蛹袋里的毛绒毯说起吧。这些小毛毛虫从卵里出来以后，会先在这张舒适的床上享受一会儿，以便获得足够的休息和适当的温暖，为不久到外面的世界中工作积蓄力量。

但是，这张毛绒毯是从何而来的呢？我们知道，野鸭在孵蛋时会利用自己身上的绒毛为自己的宝宝做成一张既华美又舒适的床。母兔子生产前，也会用身上那些最柔软的毛为子孙后代留下一张温暖舒适的垫褥。

其实，雌被管虫又何尝不是如此呢？由此可见，无私地关爱自己的儿女，这是天底下所有母亲的共性，这是多么让人敬仰、让人感动的本能啊！

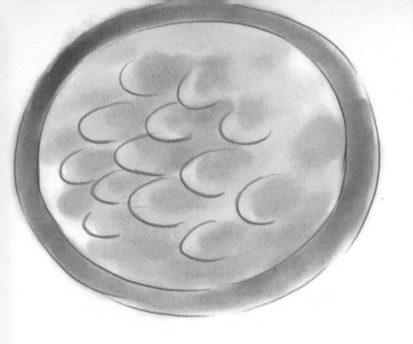

　　小幼虫很快就出现在壳里面,一个温暖而舒适的屋子对于它们来说是必要的。它们还没有到广大的世界中去,可以在里面无忧无虑地玩耍,也可以在里面休养生息,积蓄力量。

　　所以,母亲疼爱子女的天性,使雌蛾像母鸭和母兔一样从自己的身上取下毛来,无私地为宝宝们营建了一个温暖的小窝。

　　但是这伟大的雌蛾妈妈是怎样从自己的身上取下毛来的呢?它的方式显得很不正常。为什么这么说呢?

原来，在雌蛾产下卵以后，就像有病似的，一会儿痛苦地在地上翻来覆去地打滚，一会儿又在狭窄的通道中跑来跑去。但是，它这种举动可不是有病，它是在想方设法把身上的毛弄下来，好给它的宝宝们制成温暖舒适的床铺。

　　有的小朋友会感叹，小毛毛虫的妈妈们可真是深谋远虑，这是一位多么令人敬佩的母亲啊！但是，小朋友们，你们知道吗？其实雌蛾的这种行为是非常机械的，也就是它连续不断地摩擦着墙壁的这种行为是无意识的，并不是有心的举动。

事实上，作为母亲，雌被管虫几乎已经为它的家族奉献、牺牲了它的所有，最后唯一留下来的就是自己那又干又扁的尸体了，而这还不够它的儿女们的一口食物呢。

　　反正，经过长期的观察，我从来没有看到过小被管虫们吃它们的母亲。我所看到的实际情况是，从它们穿上衣服，一直到自己开始吃东西的时候，没有一只小被管虫咬到生下它们并为它们奉献很多的母亲身上。

天生的小裁缝

现在，让我们来详细地谈一下这些小幼虫的衣服吧。

被管虫的卵是从七月开始孵化的。它的头部和身体的上部都是黑色的，身体下面的两节带些棕色，其他部分都是灰灰的琥珀色。

等它们从孵化袋里跑出来后，并不急着马上给自己做衣服，它们先在母亲织好的绒毛毯上逗留一段时间。这个地方比它们刚出生时待的那个袋子宽敞多了，也舒适多了，它们在这样的环境里干着自己想做和该做的事。

　　它们待在温暖舒适的绒毛毯上，有的安心休息，有的慌乱，还有些心急的开始练习走路了。它们就这样在母亲为它们留下的安逸的小窝里修身养性，加强锻炼，为迎接广阔世界的到来做好充分的准备。

这个小窝很舒适，但是这些小幼虫并不贪图享乐。它们等到精力慢慢地充沛，就纷纷爬出来在壳上面转悠。这就表明它们要开始进入辛勤工作的状态了。

我们都说民以食为天，这句话对它们却不适用。因为它们最看重的是自己的穿衣打扮，至于食物的问题，要等到穿上衣服以后才会想起来。你们瞧，这是一群多么爱面子的小家伙啊！

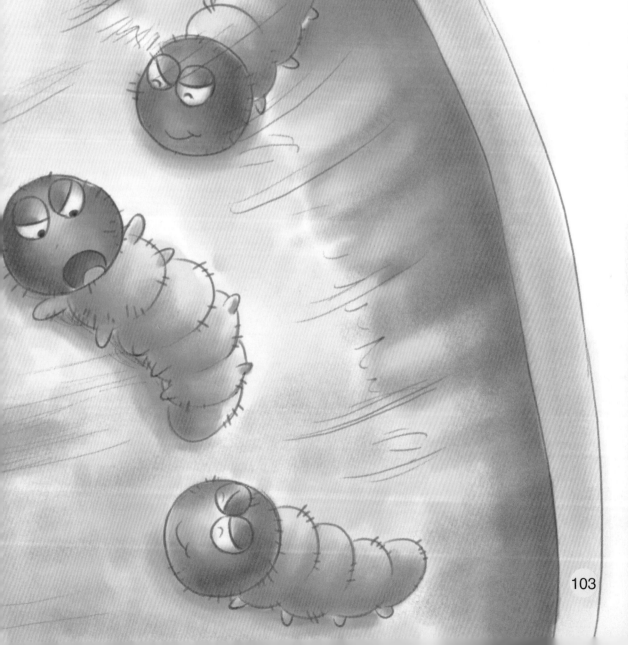

被管虫幼虫开始利用它母亲的衣服。在这里，我要再跟小朋友们强调一下，小幼虫们利用的是母亲的衣服，也就是被管虫用来保护自己的那件像壳子似的外衣，而不是皮。

　　小幼虫们会从母亲衣服的外壳上取一些适宜的材料，然后开始用这些简单易得的材料给自己做衣服。其实，它们真正要用的不是全部的树枝，而是这些小枝中的木髓。它们尤其青睐已经开裂的小枝，因为从裂开的树枝中更容易取到木髓。

　　那么，它们是怎样把这些材料制成衣服的呢？我刚开始观察它们制作衣服的情景时，它们的方法很出乎我的意料，我深深折服于它们的灵巧、细致和精心。

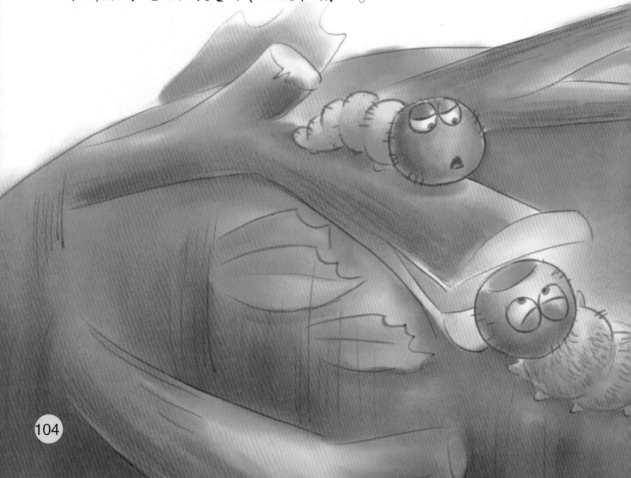

现在跟小朋友们一起分享整个过程吧。首先，被管虫幼虫先把做衣服的原料弄成十分微小的圆粒。那么，怎样才能把这些圆粒接在一起呢？

　　这时候，这些天生的小裁缝需要一种支持物作为基础。而柔弱娇小的毛毛虫，是不能拿自己的身体支撑的。这可怎么办呢？不过，小朋友们不用着急，它们这些聪明的小家伙是自有妙招的。把材料弄成圆粒以后，它们就会把这些圆粒堆成一堆，然后再用丝将它们一个个绑得结结实实的。

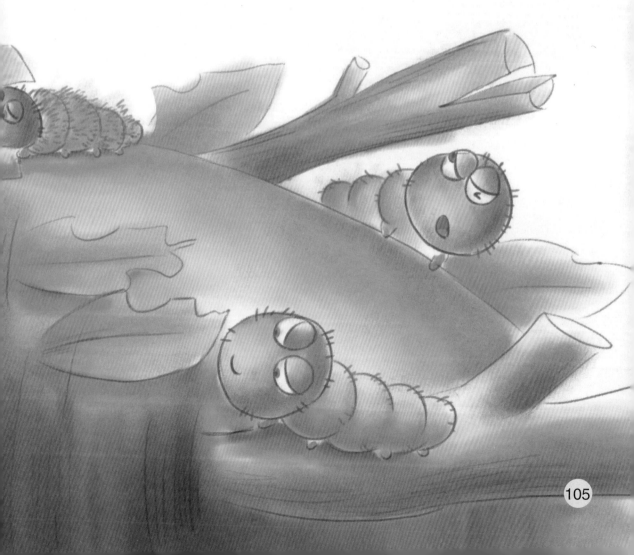

小朋友们或许早就知道吧，就像蜘蛛能够吐丝织网一样，毛毛虫也能够从自己身上吐出丝来。被管虫幼虫就是利用自己吐出来的丝把这些圆粒连接在一起，从而形成一个好看的花环。

　　等这个花环足够大了以后，小幼虫就会把它围绕在自己的腰间，同时再用丝把花环的末端捆牢。就这样，这个花环就作为圈带围绕在小幼虫的身上了。当然，在围绕自己的身体时，小幼虫会把自己的六只脚留出来。

　　第一道工序完成了。这个小幼虫从小枝上取下木髓，弄成圆粒，然后再用与做花环相同的方法把这些圆粒固定到圈带上，这些圆粒有时放到圈带的顶上，有时放到它的底下或旁边。

　　现在这件大衣仍然是个圈带，要想穿上长袍，它还要继续织下去。在它的不懈努力下圈带终于慢慢地成为背心、短衫……很快，几个小时以后，一件崭新而漂亮的白色长袍就做好了。

不过，能做成这件长袍，除了与小幼虫的努力密不可分外，还要归功于母亲对它们的关心，不至于让它们光着身子到处跑来跑去找寻做衣服用的材料。

当然，即使不用母亲遗留下来的材料，它们也会想方设法找到做衣服用的材料。只是过程会艰难一些，甚至有可能因暴露而死。

好在它们对材料的要求并不是很严格，在没有理想材料的情况下，它们也不会苛求，找到什么就用什么，可以说相当随便。关于这个，我已经对这些小幼虫在玻璃管中做过好几次实验了。

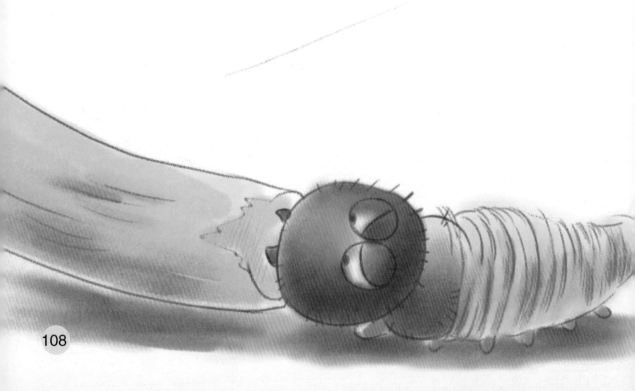

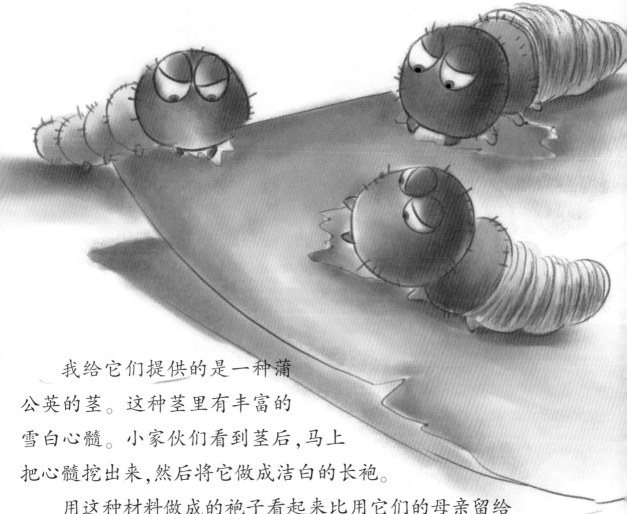

　　我给它们提供的是一种蒲
公英的茎。这种茎里有丰富的
雪白心髓。小家伙们看到茎后,马上
把心髓挖出来,然后将它做成洁白的长袍。

　　用这种材料做成的袍子看起来比用它们的母亲留给
它们的材料做成的衣服还要精致、华贵,这是我所看到的
这些小裁缝缝制出的最杰出的作品了。

　　第二次我给它们提供一张吸墨纸。这些小幼虫不假思索
地便把这张纸割碎,做成一件纸质长袍。

　　它们非常喜欢这种材料,对这件纸质的新衣服满意极了。
当我再提供给它们那种柴壳作为衣服的材料时,它们居然不
屑一顾,依然高兴地选择这种吸墨纸来做它们的衣服。

　　对于另一只玻璃管中的小幼虫，我没有提供给它们任何东西。我当时有些幸灾乐祸地想，你们这些聪明的小家伙还能想出什么办法？然而，这些小东西真的很聪明，它们居然想到了用那个木质的瓶塞作为自己的衣服材料！

　　只见它们因找不到任何材料，迫切地把瓶塞割成一个个小碎块，然后再把这些小碎块割成更加微小的颗粒，接着就像以往那样熟练地做起衣服来。

　　不得不承认，在做衣服这方面，被管虫的小幼虫表现出的天分真是让人惊叹！因为这种瓶塞对于它们来说，毕竟算是一种稀奇的材料，它们应该感到陌生才对呀！

可是，好像这些小家伙和它们的祖先都很熟悉这种材料一样，它们熟练地把这种材料做成衣服，并且与其他材料做成的效果一样好。对于它们这种天生的缝纫技术，我佩服得五体投地。

从以上的几个实验中，我大致得出一个结论，它们对于大部分干而轻的植物材料是能够接受的，于是，我决定换成动物与矿物的材料来做实验。

我找来一大片孔雀蛾的翅膀，又把两个赤身裸体的小毛毛虫放在上面。这两个小家伙并没有像玻璃管中的毛毛虫那样急不可待地拿现有的材料做实验，终于，其中的一只毛毛虫按捺不住，要开始行动了。一天的时间不到，这块孔雀蛾的翅膀就变成它俩身上漂亮的灰色绒衣了。

第二次，我又找来一些石块。当然，这些石块非常柔软，柔软到什么程度呢？只要我们小朋友用小指头轻轻地一碰，它们就会破碎成粉粒。在这种材料上，我放了四只同样裸体的毛毛虫。

这一次，它们迟疑的时间很短，尤其是其中的一只，简直是不加犹豫地要对它加工，依然很快，新衣服就做好了。

小朋友们，你们知道这四个小家伙用这种材料制成的衣服有多华丽吗？像金属质地一样高贵，发出像彩虹那样五颜六色的光芒，真是耀眼夺目了！像这样高贵华美的礼服，只有皇后在重大仪式时才会穿的吧！

不过，小毛毛虫要想穿着它走路也是非常辛苦的呢。因为，这件衣服对于它们太沉重了，在如此大的压力之下，它们只能非常缓慢地行走。

　　爱美之心人皆有之，这些小虫子也不例外，它们也非常注重自身的形象，愿意打扮得漂漂亮亮的出现在各种场合。相对于穿，吃此时就被放在次要的地位了。只注重外表的美丽，恐怕是这种小毛毛虫的共性与天性吧。

　　为了证明这些，我又特地做了一个小实验。我把几只小幼虫先关起来两天，然后又脱去它们的衣服，接着又把它们放在它们喜欢吃的食物面前，比如一片山柳菊的叶子。

果然不出我所料,这些爱美的小家伙,全都急切地去寻找可做衣服的材料,而对于美食视而不见。等几个小时衣服做好以后,它们好像才感觉到饥肠辘辘,穿着新衣服,心满意足地放心享受起美食来。

　　那么,它们为什么会对衣服有这么急切的需求呢?难道是因为它们有特别寒冷的感觉吗?答案是否定的。它们的这种行为是一种本能,它们有先见之明,在寒冷的冬天到来前做好充分的准备。

我们知道，别的一些毛毛虫在冬天因为怕寒冷，躲避在厚厚的树叶中，或者隐藏在地下的巢穴里，还有一些躲在树枝的裂缝中。但是，被管虫就不一样了，它不畏惧寒冷，因为对于抵抗冬天的严寒，它有自己的方法。

等秋天的细雨到来，天气开始转凉的时候，它要准备做外层的柴壳了。在工作的前段时间，它做得相当草率，一点也不用心。

那参差不齐的草茎和一片片枯叶，被它胡乱地混杂在一起，没有任何次序地点缀在颈后面的衬衣上。当然，即使工作做得再粗糙，为了保证自己可以自由灵活地向各个方向转动，它头部的领圈必须是很柔软的。

一段时间之后,碎叶慢慢地变多了。这时候,小毛毛虫开始很认真地选择材料了,把材料铺排得很整齐。

　　小朋友们,我敢打赌,如果你们看到这些小家伙铺置草茎的样子,肯定会大吃一惊的!因为它们动作很快,很敏捷,很精巧,态度是那么认真实在、一丝不苟。值得人们学习呀!

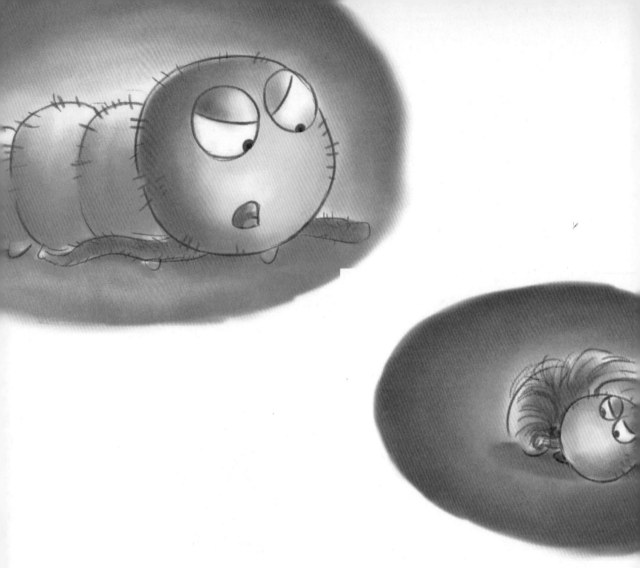

接下来就要吐丝了，把小枝粘到适宜的地方。

毛毛虫不再忙忙碌碌，不再移动了。既温暖又能起到保护作用的外壳做好了，被管虫这时候一点也不担心寒冷的到来，它安逸地在里面享受自己的生活了。

这件衣服的内层能让小毛毛虫感觉到舒适安逸，但不是很厚实。小毛毛虫是不满意的。等到来年春天它有空闲时间的时候，它就会对它的衬衣加以改良，使它变得又厚实又柔软。

它一心一意地装饰着它的内部，即使我们把它的外壳夺走，它也不会再重新制造了。它全神贯注地在它的衬衣上加层，直到不能再加为止。这时候它的长袍会变得非常柔软、宽松，并且上面还弄出许多褶皱，真是既舒适又美观。

这件美丽的长袍不能替代外壳起到保护它的作用。然而，木工时代过去了，现在该是装饰长袍的时候了，所以它往往对即将到来的危险浑然不知。失去保护的小幼虫命运往往很悲惨，会被蚂蚁咬得粉碎。这都是由于本能过分顽固而惹的祸啊！